让头发倒竖的问题

地震和火山

［阿根廷］费尔南多·西摩诺蒂
加布列拉·贝比　　文
［阿根廷］哈维·巴斯勒　图

梁　琳　译

海峡出版发行集团
THE STRAITS PUBLISHING & DISTRIBUTING GROUP｜福建教育出版社

图书在版编目（CIP）数据

　　地震和火山 /（阿根廷）费尔南多·西摩诺蒂,
（阿根廷）加布列拉·贝比文;（阿根廷）哈维·巴斯勒
图; 梁琳译. – 福州 : 福建教育出版社, 2018.1
　　（让头发倒竖的问题）
　　ISBN 978-7-5334-7573-4

　　Ⅰ.①地… Ⅱ.①费… ②加… ③哈… ④梁… Ⅲ.
①地震–儿童读物 ②火山–儿童读物 Ⅳ.①P31–49

中国版本图书馆CIP数据核字（2017）第020911号

Terremotos y volcanes para los más curiosos©ediciones iamiqué　2014
The simplified Chinese translation rights arranged through Rightol Media
（本书中文简体版权经由锐拓传媒取得Email:copyright@rightol.com）

著作权合同登记号：图字13-2017-040

让头发倒竖的问题

Dizhen he Huoshan

地震和火山

［阿根廷］费尔南多·西摩诺蒂　加布列拉·贝比　文
［阿根廷］哈维·巴斯勒　图
梁　琳　译

出版发行	海峡出版发行集团
	福建教育出版社
	（福州市梦山路27号　邮编：350025　网址:www.fep.com.cn
	编辑部电话：0591-83726290
	发行部电话：0591-83721876　87115073　010-62027445）
出 版 人	江金辉
印　　刷	福州华彩印务有限公司
	（福州市福兴投资区后屿路6号　邮编：350014）
开　　本	889毫米×1194毫米　1/20
印　　张	3
字　　数	48千字
版　　次	2018年1月第1版　2018年1月第1次印刷
书　　号	ISBN 978-7-5334-7573-4
定　　价	28.00元

如发现本书印装质量问题，请向本社出版科（电话：0591-83726019）调换。

出版说明

　　大卫·希尔伯特于 1900 年 8 月 8 日在巴黎第二届国际数学家大会上，提出了新世纪数学家应当努力解决的 23 个数学问题，之后各国数学家对这些问题的研究有力地推动了 20 世纪数学的发展，在世界上产生了深远的影响。

　　爱因斯坦曾说：提出一个问题往往比解决一个问题更为重要。因为解决一个问题也许只是一个数学上或实验上的技巧问题，而提出新的问题、新的可能性，从新的角度看旧问题，却需要创造性的想象力。

　　水是生命的摇篮，火是人类进化的催化剂。地球是人类的家园，太阳是太阳系的中心天体。现代科学研究的对象仍是我们赖以生存的自然万象，自然有着测不透的丰富和奥秘有待人类去探索。人类通过听觉、视觉、触觉、味觉、嗅觉等感觉接收外界信息，借助技术手段和工具获取、处理和发布信息，信息经大脑处理形成各种问题和解决问题的想法，从而推动科学与技术的发展。声、光、电，水、火、风，地震、海啸、火山……在自然里，在生活里，在我们身边，青少年往往因对其好奇而发问，老年人常常因对其困惑而发问，并由此产生动手做一做实验的欲望。

　　我社从阿根廷伊阿米盖出版公司引进"让头发倒竖的问题"儿童自然科学读物丛书:《水和火》《地球和太阳》《地震和火山》《暴风雨和龙卷风》《光和颜色》。丛书以有趣而奇特的问题为线，解释一系列自然现象：为什么鸭子不会被水打湿，火为什么会把我们烧伤，空气为什么不会跑出地球，地震的时候大地为什么会摇晃……丛书提出一系列隐藏在自然现象背后的科学问题：水能支撑得住其他东西吗？地球的位置在不断变化吗？天黑的时候，太阳去哪里了？地球的哪一面在上？地球是怎么"保暖"的呢？地球到底有多大，我们怎么知道？今天会地震几次？海啸是从哪里来的？温泉是从哪里来的？云的形状能透露给我们什么信息？整个地球可能全被洪水淹没吗？龙卷风可以追踪吗？飓风到哪里去了？……

丛书通过"好奇千百问""实验园地　家庭活动""科学幻想　考古发现""风土人情　轶闻趣事""有趣的冷知识""奇妙的事情"等栏目，与从8岁到108岁有好奇心的朋友们分享自然现象背后的奥秘。

伊阿米盖出版公司依照物理学、化学、地理学、地质学、生物学等知识，致力科学知识的推广和普及。希望通过他们的努力能向大家证明：严谨的科学不会"咬人"，一点儿也不可怕，并且能够帮助大家享受科学带来的乐趣。作者怀揣热切、疯狂的愿望，将自然科学知识类丛书打造成光彩夺目、妙趣横生又创意非凡的作品。

科学探究的一般过程包括：提出问题、做出假设、制订计划、实施实验以及得出结论等。然而，当下中小学甚至高等院校，学科教育不同程度地存在应试教育的困局，学生大多是通过大量刷题取得学业考试分数，这不是好的学习方法，更不是自然科学的学习方法。因此，我们推出中文版"让头发倒竖的问题"儿童自然科学读物丛书，希望能给有志从事自然科学学习和研究的青少年一个全新的学习模式和研究方法的启迪。

福建教育出版社

2017 年 7 月

目 录

栏 目 索 引

关于

**地球内部的
问题**

怎么会这样，到底出了什么事？

　　当地震发生的时候，大地在摇晃，路面出现裂缝，桥梁坍塌，建筑物在左右晃动，其中有一些楼房甚至在瞬间化为废墟。当海啸发生的时候，大海狂怒地翻滚着，激起的浪花吞没了往日美丽的海滩，甚至一并摧毁了整个海滨城市。当火山喷发的时候，喷出的红色岩浆所到之处，一切皆化为灰烬。因喷发而形成的厚重火山灰遮天蔽日，数日持续不散。那么，这些可怕的地球震怒是从哪里来的呢？

1. 地表以下有什么呢?

我们生活、居住在地球的表面。地球的表面是一个硬质层,在这里铺展出多样和奇特的景观:山脉、火山、平原、海洋和河流等等。然而,地表以下呢? 我们肉眼看不见的地表以下有什么呢?

我们不妨想象一下:假设你登上一艘超级钻井船,开始了你的地心之旅。先在地面钻孔,突突突……刚开始,你只能看到石头,石头,还是石头。地球的外壳是这种深达数十千米的坚硬岩层,它是由矿物构成的,比如:花岗岩、玄武岩和硅酸铝。随着钻井船不断向地心纵深行进,你也会感到越来越热,而且,刚才一直环绕在耳边的钻头工作发出的噪声,此时却听不见了。这是怎么回事? 原来,这个时候你到达了地幔。这里的温度高达 500~4 500 度。此时,你差不多距地面 100~300 千米,这里的高温使得岩石都软化,并局部熔融,形成黏稠物质,这就是岩浆。

岩浆可不安分,它会从上地幔或地壳深处沿着一定的通道上升到地壳,形成移动缓慢的岩浆流体。到了这儿,你会发现,我们的超级钻井船已经很难再前进了,但是无论如何——继续"前进"! 因为,另一个有趣的地方近在咫尺,它就在前方了……

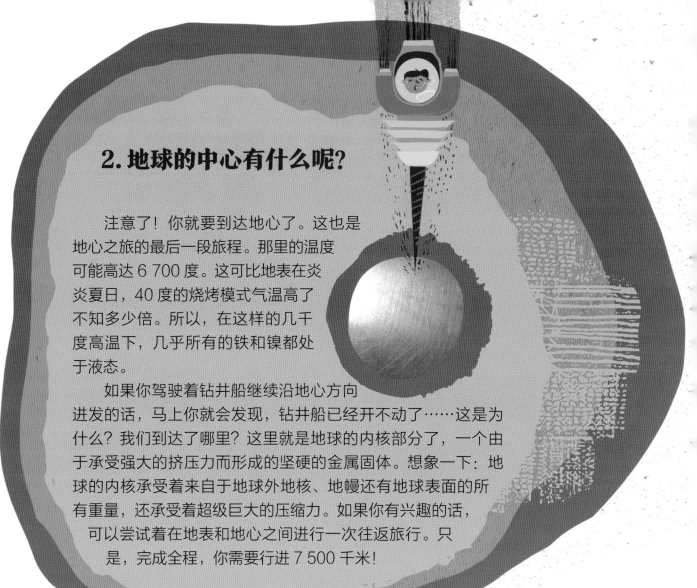

2. 地球的中心有什么呢?

　　注意了! 你就要到达地心了。这也是地心之旅的最后一段旅程。那里的温度可能高达 6 700 度。这可比地表在炎炎夏日，40 度的烧烤模式气温高了不知多少倍。所以，在这样的几千度高温下，几乎所有的铁和镍都处于液态。

　　如果你驾驶着钻井船继续沿地心方向进发的话，马上你就会发现，钻井船已经开不动了……这是为什么? 我们到达了哪里? 这里就是地球的内核部分了，一个由于承受强大的挤压力而形成的坚硬的金属固体。想象一下：地球的内核承受着来自于地球外地核、地幔还有地球表面的所有重量，还承受着超级巨大的压缩力。如果你有兴趣的话，可以尝试着在地表和地心之间进行一次往返旅行。只是，完成全程，你需要行进 7 500 千米!

地心的温度为什么会那么高?

　　早在 45 亿年前，那时的整个宇宙还处于一片混沌之中，只有漫漫云体充斥于茫茫太空之间。这些云体是由漂浮在太空之中的灰尘和气体构成的，其自身温度可以达到很高。而且，这些云体之中包含着许多不同成分的物质，在高温的作用下，这些物质会发生自燃，由此逐渐形成了如今我们所看到的太阳。

　　那些自燃后残存下来的遗留物，温度依然非常高，它们原来都是围绕在太阳四周运动的，而在重力的作用下，它们开始逐渐在宇宙的不同方位堆聚，在经历了非常漫长的一段时间之后，便逐渐形成了我们现在看到的各个星球，我们赖以生存的地球就是其中之一，而我们所属的太阳系，就是这样慢慢形成的。

　　在经历了数百万年的冷却之后，地球表面的温度随着热量散失而逐渐降低，所以地壳变得坚硬起来。但是，地心却被严严实实地包裹着，聚集在那里，热量依然没有散失，那里始终保持着非常高的温度，这种温度我们称作原热。

3. 怎么知道地球的直径有多长?

在你想象的旅途中，你从地表穿行到地心，总共航行了 6 200 千米。天哪，怎么这么长！这个距离可不是我们随随便便拿尺子就测量得出的，而且这个精确的长度也不是上个星期才被我们发现的。究竟我们是怎么精确地计算出地球的大小的呢？这还要归功于一位距今大约 2 200 年的希腊数学家，名叫埃拉托斯特尼，他还是一位诗人、天文学家和运动员。他在正午时分，分别在亚历山大港和另一个紧邻城市阿斯旺，测量出同一根木棍的阴影长度，然后，他测量出两个城市之间的距离，利用地理学的相关知识精确计算出了地球的直径。也就是说，这个直径就是我们在地表和地心之间，进行一次往返旅行的总里程数。

40 100
斯塔蒂亚

620

埃拉托斯特尼，好样的！

　　当时，埃拉托斯特尼计算的地球直径并不是以公里或者英里为长度单位，而是用古希腊的长度单位"斯塔蒂亚"。据说，他计算得到的地球的周长为252 000斯塔蒂亚（1斯塔蒂亚相当于157.5米），也就是39 690千米，这个数值与我们今天经过计算得出的数值十分接近。但是，他对自己计算出的结果还不满意，作为一个数学爱好者，他又进行了多次计算，最终得出了从地表到地心的距离数值——40 100斯塔蒂亚，约6 300千米。这个计算结果与我们今天通过各种高科技辅助测绘和计算得出的结果相差无几。要知道，在当时，埃拉托斯特尼可没有计算机、卫星等等高科技工具的辅助，能算出如此精确的计算结果，怎么样，厉害吧！

有许多作家都在他们的作品中，想象并成功塑造了若干主人公，他们富有探险精神又拥有与常人不同之处，在作家笔下，他们钻入地表，进行着各种疯狂的探险旅行。

《地心游记》是法国著名作家儒勒·凡尔纳的一部著名科幻小说，小说讲述了一支探险队通过火山口，进入到了奇妙的地心世界。在那儿，他们发现了一片地下海，生存居住着许多可怕的生物。这部小说一经问世，就在当时掀起轩然大波，引发了无数的恐惧、惊奇和质疑。因为，在它出版的那个时代，我们人类的科学认知水平还十分有限，而那时候的人们，连地球的构造都还没有搞清楚，更别说领略这趟向着"地心"进发的游记了。

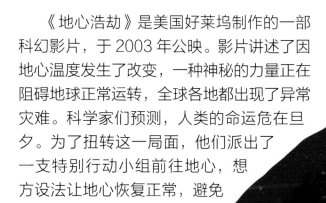

　　埃德加·赖斯·巴勒斯，著有科幻小说《人猿泰山》，也是系列科幻小说《地心王国》的作者。在他的笔下，地球的中心是空的，那里有一个地心王国，被中心一颗微小的太阳照耀着。在那个世界里生存着一支种族，他们要与恐龙大小的野兽抗争。

　　《地心浩劫》是美国好莱坞制作的一部科幻影片，于2003年公映。影片讲述了因地心温度发生了改变，一种神秘的力量正在阻碍地球正常运转，全球各地都出现了异常灾难。科学家们预测，人类的命运危在旦夕。为了扭转这一局面，他们派出了一支特别行动小组前往地心，想方设法让地心恢复正常，避免因地心毁灭导致世界末日。这真是一部科幻大作！

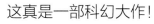

4. 地球是个谜吗？

地球虽然看起来形状跟西瓜近似，但它的表皮可不像西瓜那样完整、均匀又光滑。地球的表面由两个部分组成：固态部分和液态部分。所谓的固态部分，是指大陆和岛屿；而液态部分，是指河流、湖泊和海洋。如果你看地图的话就会发现，地球表层是由这些分割成块状的陆地和海洋拼构起来的，像是一个拼图。你之前注意到了吗？

实验园地　家庭活动

拿一张地图，把所有的大陆沿着它们的边缘从地图上剪下来。然后，试着将这些剪下来的大陆相互拼合在一起。你会发现，位于南美洲的巴西，它的北部能与位于非洲的几内亚湾严丝合缝地契合在一起。那么，在其他剪下来的大陆中，你还能发现边缘有相互吻合的情况吗？比如：你仔细观察一下，北美洲的东海岸和非洲的西北海岸，它们两个的边缘呢，是不是也能拼合起来呢？

南美洲　巴西　非洲

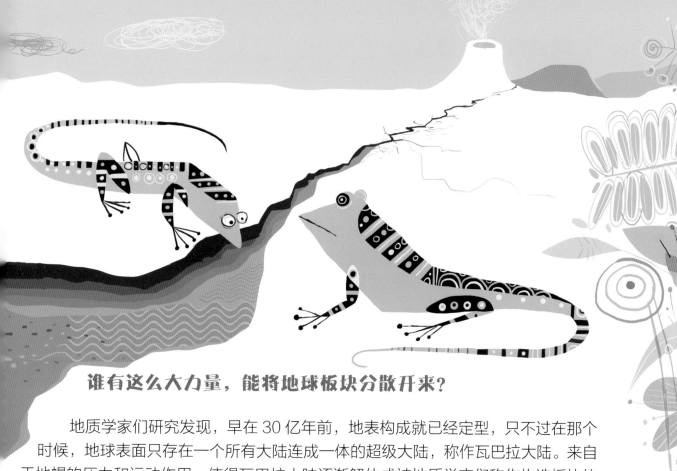

谁有这么大力量，能将地球板块分散开来？

地质学家们研究发现，早在 30 亿年前，地表构成就已经定型，只不过在那个时候，地球表面只存在一个所有大陆连成一体的超级大陆，称作瓦巴拉大陆。来自于地幔的压力和运动作用，使得瓦巴拉大陆逐渐解体成被地质学家们称作构造板块的小型板块。这些板块开始慢慢地在地幔中漂移，就好像它们开启了一场长期旅行，而这场旅行延续数十亿年。在移动过程中，有一些板块遇到了对方，久而久之就合并在了一起，于是就形成了另一个超大陆地板块，被称作"盘古大陆"。

"盘古大陆"存在于 3 亿年前，它是最后一块超级大陆，后来（2 亿年前）分解成 14 个大块。经过上百万年的时间，在地幔流的带动下不断漂移，这 14 个分裂出来的板块，最终完成了板块构造，以现在的这个样子呈现出来。虽然如此，你可不要认为这些板块的运动就此停止了，事实上正好相反，现如今，地球上的板块仍然处于运动之中。这实在令人有些担心，你觉得呢？

5. 陆地向哪里漂移？

一条巨大的山脉淹没在大西洋深深的海中央。很少有地图将它标记出来，可是它确实存在，它就在深深的咸水下面。其实，这条山脉是地球表面一个巨大的裂缝，连接着地球内部。岩浆受挤压，从地幔通过大裂隙急剧上升，这股力量把美洲板块推向西，把印度板块推向东。在西边，美洲板块跟纳斯卡板块和太平洋板块碰撞。

当两个板块碰撞会发生什么呢？这非常简单：一个板块向地幔方向下沉，把另一个板块抬起来。就这样，山脊从中凸起。除非你有足够的耐心看山，否则你注意不到山峰高度的增长；而且，这个过程要经过几百万年的时间，对一个人来说，这太过漫长了！

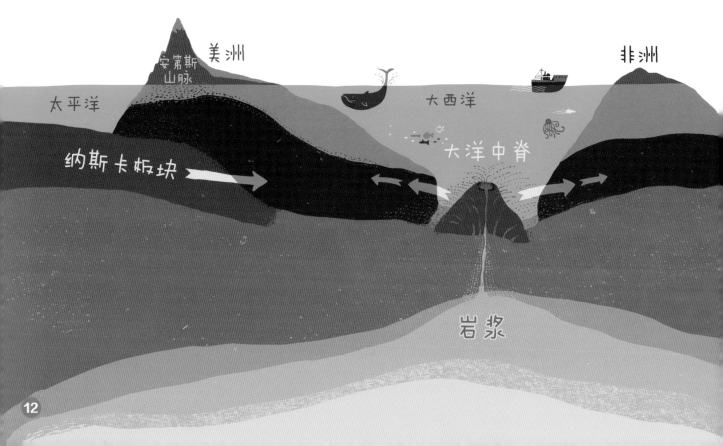

陆地以多大的速度移动?

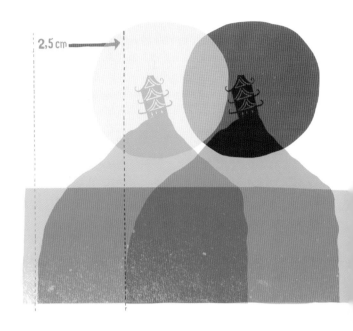

美洲每年漂离非洲和欧洲几厘米，这个速度相当于手指甲的生长速度。可是，太平洋中的纳斯卡板块的移动速度却相当于头发的生长速度。

两个板块之间的分离速度也可能非常快。比如：2011 年日本发生强烈地震以后，仅在几个小时内，日本就漂离亚洲大陆 2.5 厘米。

实验园地　家庭活动

你想堆积一座山吗？找两块橡皮泥（或者面团），捏成平平的两块。然后，将两块橡皮泥并排放着，边挨着边。接着，开始轻轻地移动它们，让两块橡皮泥之间产生挤压。你会看到一块橡皮泥升起来，重叠在另一块橡皮泥之上。"山脊"就是这样形成的。

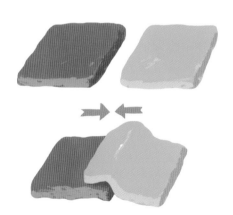

6. 地球的历史浓缩成一天，这一天发生了什么事？

在大约 45.4 亿年前，太阳系紧紧地聚合在一起，包括地球在内的星球以太阳为中心转动。地球上的生命迹象大约在 35 亿年前出现。100 万年是如此长的一段时间，长到感觉 100 万年和 200 万年似乎都没有太大差别似的，对寿命一般不超过 100 年的生物来说很难把这么长的时间跟自己联系在一起。为了能更好地理解有些事到底是怎么发生的，我们把地球的历史浓缩成一天。因此，如果地球在 0∶00（午夜）诞生，凌晨 1∶30 开始出现一些我们了解的矿物质，3∶42 首次出现微生物，过了午饭时间，刚刚到 13∶18，诞生了最早的能呼吸的生物。

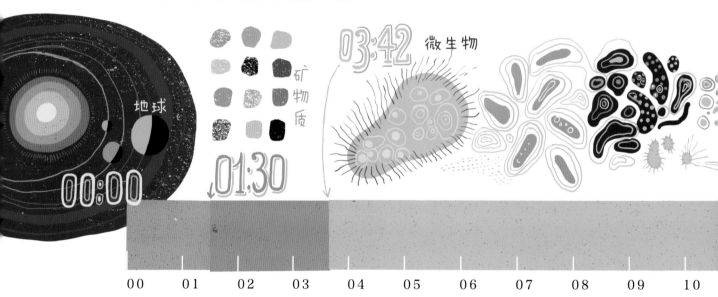

好奇千百问

怎么知道大山的年龄呢？山体的岩石成分由各种原子构成。其中有一些成分的原子经历几百万年后仍然没变，但有的随着时间的推移被破坏掉了。因此，通过分析矿物质成分中有多少原子被破坏了，地质学家就可以确定岩石的年龄，从而推断出大山的年龄。

20：40 形成盘古大陆。这一天快要结束了，22：56 盘古大陆分裂成块。23：12 第一批飞禽出现，不一会儿，23：18 花出现了。23：38 洪水淹没了大地，恐龙在接下来的一分钟内灭绝。

23：59 人类的祖先出现了。在这一天的最后一秒，哥伦布登陆美洲。跟地球历史漫长的一天相比，人类的历史不过几秒钟而已！

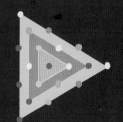

真是太具有想象力了！

在中世纪的欧洲，大概 1 000 年前，学者们觉得地球就是平的，四周被汹涌的海水包围着。一些人竟然确信地球是被站在海龟兽上的四只巨型大象支撑着的！

走，我们去海滩！

未来，地球会是什么样子的呢？科学家们都确信，2.5 亿年后陆地会重新连在一起，形成一个被大海包围的超大陆地。你可以想象一下到时候怎么去海边旅行。

从这到海边
2 47 613 Km

好深的一口井！

科拉项目的任务是钻通地壳。为了实施这个项目，人们设计出了一个巨大的钻孔机器（这需要要整栋楼来安放）和一个钻孔计划。1970 年，在俄罗斯北部的科拉半岛开始钻孔。1979 年，钻孔深度达到 9 583 米，4 年后，12 000 米。1989 年，深度达到 12 261 米。最后，虽然钻孔深度创造了记录，但是由于 180 ℃的高温，项目被迫停止，没有达成钻通地壳的目标。

咔！

1946 年 10 月 24 日，在太空中拍摄到第一张地球深空照片。美国的科学家们在一个火箭头上安装了一部照相机，然后将火箭发射到 105 千米的高空。虽然照片有颗粒感而且是黑白的，可是这些照片还是引起了轰动。

关于

地震和海啸的问题

1. 地震的时候大地为什么会摇晃？

　　断裂带是地壳破裂的地方，在裂隙处常常会有大板块间的剧烈碰撞、破裂和重整。想象一下，巨大的地壳板块相互挤压，不断移动，还真是吓人！如果在地面以下发生这样剧烈的运动，会造成地面上的建筑、公路、田野、河流剧烈摇晃。如果你处于这种情况之下，你得知道这是地震，或者，你更喜欢称它为地动。但是无论你怎么叫它，请赶快逃生！

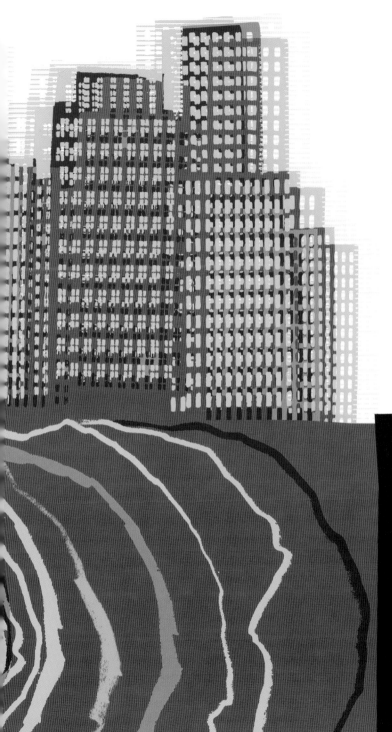

地震是怎么回事?

板块开始移动的地方叫震源，常常处于离地表几千米的深处。震源的正上方的地面叫作震中。

地震发生时，破坏力从地壳中释放出来，导致周围的岩石开始移动和破裂，就像你把多米诺骨牌放在一条线上，如果你推倒第一块，其他的骨牌将紧随其后一块接一块地倒下来，这就是地震波。

好奇千百问

你知道月球上也有地震吗？但并不是由地壳板块间的碰撞引起的，而是由于地球给它的地心引力引起的。"月震"常常发生在月球地壳层，月球地壳层的厚度大概是其表面到其中心的一半，这是"月震"跟地震的另一个不同之处。

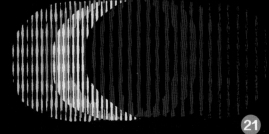

2.怎么测量地震强度?

观测地震的科学家对描述、分析和比较世界范围内的地震非常感兴趣。科学家为了测量地震的强度,会用到一种叫地震仪的设备。地震仪有一个传感器,能感应地壳中最细微的震动。传感器与一根安放在纸上的针相连接,只要传感器感应到了震动,针就会自动开始描绘地震波谱。从某种程度上来说,其工作原理跟医生用来测量心跳的仪器是一样的,地震仪则像是用来听地球心跳的。

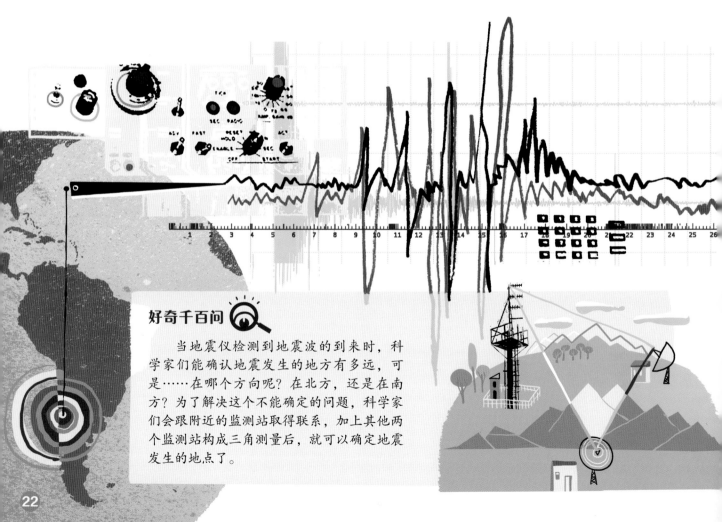

好奇千百问

当地震仪检测到地震波的到来时,科学家们能确认地震发生的地方有多远,可是……在哪个方向呢?在北方,还是在南方?为了解决这个不能确定的问题,科学家们会跟附近的监测站取得联系,加上其他两个监测站构成三角测量后,就可以确定地震发生的地点了。

根据地震仪的测量结果，科学家们用一个数量标准将地震的强度分级，这个标准以物理学家里克特的名字命名，叫作里氏震级。里克特是第一位提出计算地震等级公式的物理学家，但现在使用的震级已经跟里克特当时提出的分级标准没有什么关系了。里氏震级用数字从小到大表示地震的强度。

地震的分级标准

震级小于 3 级的地震：

　　轻微颤动，人感知不到，但是地震仪可以。

3 级和 4 级地震：

　　吊灯开始轻微晃动，书架上的书和东西会翻倒。

5 级地震：

　　足以使房屋产生裂纹。

6、7、8 级地震：

　　造成重大破坏。损坏桥梁，推翻楼房，使街道路面产生大的裂缝。

9 级地震：

　　是迄今为止记录到的最强级地震。严重破坏城市、公路和桥梁。

3. 今天会有几次地震？

很多老人说以前可不像现在有这么多地震。你听到过这样的说法吗？你可以明确地告诉他，不是这样的。原因是现在全世界有近 16 000 个地震仪，一年会记录 50 万次地震。平均每天就有 1 370 次地震。可是注意，只有很少一部分达到里氏 3 级或里氏 3 级以上，所以一年之中，人类能感知到的地震在 100 次左右。如今城市又比以前多，地震常常给城市带来破坏，加上人们通讯交流日益频繁，几乎能在地震发生的第一时间得到消息。

好奇千百问

在记录到的地震中，最强烈的是 1960 年 5 月 22 日发生在智利特木科城附近的那一次地震，震级为里氏 9.5 级。受灾情况最严重的是瓦尔迪维亚，几乎一半的房屋被摧毁。由于地震后出现了裂缝，两天后智利南部的柯登德高勒火山开始喷发岩浆和气体。这种现象持续了两个月。

路是走出来的……

　　当地震波穿过水面时，速度是一定的。如果在途中遇到的介质越坚固，地震波的速度降低得越快。由于地震波向地球的四面八方扩散，并被很多地震仪（分布在不同地方）同时检测并记录，科学家们能够推断出地震波从震源到地震仪的过程中，遇到了哪种介质。这样，我们不但知道了地球内部一定存在一个坚硬的内核，而且还能描绘出其内部复杂的结构图。因此，是地震让我们能够了解地球内部的结构情况，我们是不是该感谢一下地震呢？

阿兹特克的智者们认为，黄昏时分太阳落下，第二天一早，便会重新出现在另一边的地平线之上。月亮和星星也经历着这样的循环，只是早上的时候落下，晚上的时候出来。当然，这么多星球从东到西、从早到晚移来移去，难免发生碰撞或绊倒，这个时候就发生了地震。

奇布查族是美洲的一个原始部落，居住在现今的哥伦比亚。据他们说，农神奇布查库姆承担的艰巨任务就是将地球放在自己的肩膀上。累的时候，他会把地球从一边肩膀换到另一边。另一边肩膀也累时，又再换回来。每一次奇布查库姆换肩膀的时候，地球就震动了。

古代的日本人认为，日本岛是被一条巨大的鲶鱼托着的。为了防止岛屿掉进水里，鹿岛天神用一块巨大的岩石压着鲶鱼让它保持静止不动。但是只要鹿岛天神一不留神，鲶鱼就会晃动，背上的日本也就跟着震动起来了。

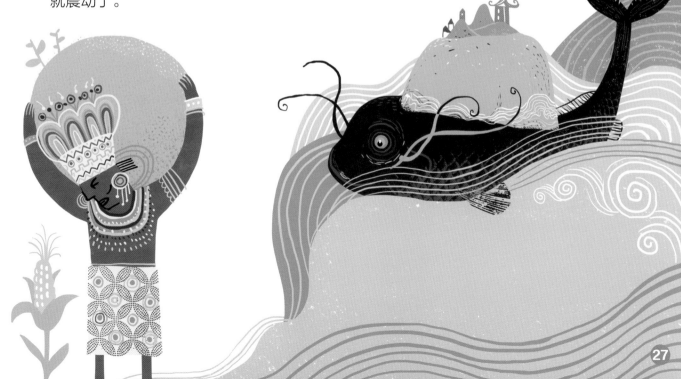

4. 在这里会发生地震吗？

大多数地震发生在地壳板块相连的地震带上，这些都是在地图上轮廓十分明显的地区，而且都有各自的名称。其中一条叫环太平洋地震带，始于安第斯山脉，经过落基山脉，到达日本及东南亚各岛屿，世界上大多数地震都发生在这条地震带上。

另一条欧亚地震带，始于西南亚的爪哇群岛和苏门答腊岛，经过亚洲的喜马拉雅山脉，再经过地中海，最后止于葡萄牙海岸前的大西洋。第三个地震频发区是大洋中脊地震带，这是一条隐藏在大海深处的裂缝。冰岛便横跨在这条裂缝之上，所以，常常发生强烈的地震。

大洋中脊地震带

欧亚地震带

环太平洋地震带

好奇千百问

如果你想搬到一个地震很少的地方，南极洲是一个理想之地。那是世界上地震最少的地方，可是非常冷！

可能引发地震吗？

修筑大坝总是给环境带来敏感的改变，因为大量的水将原本干燥的土地淹没。采矿和石油开采也因为移动土地改变了自然环境。如果这些改变发生在敏感地区，也就是说发生在地震频发区，很可能就会引发地震。

比如，1925 年，在距美国加州的谢菲尔德坝 11.2 千米处发生里氏 6.3 级地震。

5. 地震究竟能不能被预测到?

　　地震可能发生在板块移动的一瞬间、一分钟后或是一年之后，因此，地质学家们虽然能够探测到地壳中的任何一个微小的震动，却不能准确预测地震什么时候发生（会不会发生）。当前也没有减缓地震的方法，大家能做的就是向人们发出预警和提前做好应急准备。

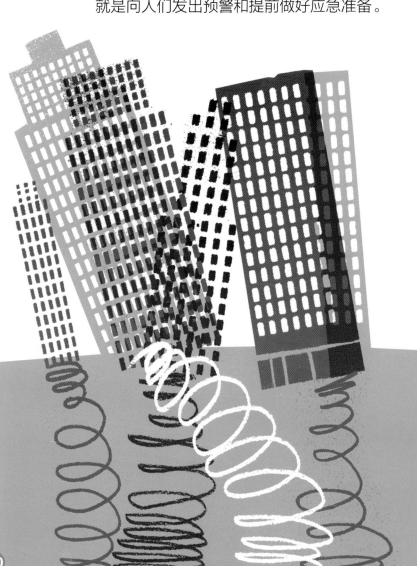

　　地震带上的城市，建造的房屋需要能抵抗强震，技术关键在于使房屋有一定的刚性和延展性。这样一来，房屋会摇晃但不破裂，也就是说房屋会摇晃可是却不会坍塌。有的防震楼有20多层，想象一下，发生地震的时候，最高一层该会多摇晃。

我该怎么办？

　　在明显感觉到地震时，最重要的就是逃生。如果你在室内，躲在坚固的桌子或者床下面，为了避免被玻璃或者柜子上掉下来的东西砸到，请用双手护住头。禁止用直升梯或电梯逃离房屋。如果你在户外，找一个开阔的远离桥梁和楼房的地方。

　　在任何情况下，都要坚持，因为地震持续时间不长，2~5分钟后就会过去，可是非常剧烈！

6. 海啸是从哪里来的?

如果地震发生在海洋深处，板块的移动会带动大量海水移动翻滚，海水上上下下，引起海啸，这是海水的剧烈运动。海啸引起的海浪与我们平时在海滩玩耍接触的海浪十分不同，海啸的海浪分得更开，两个海浪的最高点相距达 500 千米，而每一个海浪仅有几米的高度。

虽然平常的海浪很远也很低，可是由海底板块运动引起的海浪速度却高达 900 千米 / 小时，也就是说，几乎是平常海浪速度的 20 倍之多！这相当于飞机的速度。

好奇千百问

一般，由风吹起的海浪平均时速为 50 千米，两个海浪之间的距离为 150 米左右。

海啸来了！

海洋地震时，海浪接近海岸的时候，海浪会急剧升高，形成灾难性的"水墙"，高达 30 或 40 米，这相当于 10 层楼的高度。海浪的速度据估算已经明显降低，大概 40 千米/小时。虽然你觉得 40 千米/小时的时速并不快，但是却比你跑步速度快得多。

不管你觉得快不快，事实证明，海啸确实带来了巨大影响。狂风巨浪涌向岸边，疯狂地吞噬生命、港口、船只和其他所有能波及的一切。

 实验园地 家庭活动

找一个长为 40 cm，宽为 20 cm 的长方形容器，加水大概到 1 cm 的高度。然后，慢慢举到最高处再轻轻放下。观察容器内产生的水浪并记下水浪从容器的一边到另一边的时间。接着，往里加水，重复以上过程。什么时候水浪走得更快？是只有一点点水的时候吗？如果你继续往容器里加水，你会发现水深（大海）时，水浪的速度比水浅时（接近海岸）的速度更快。

奇妙的事情

一座非常特别的宫殿

1755 年的一天早上，葡萄牙国王约瑟一世和家人离开城市来到里斯本郊外庆祝万圣节。几个小时以后，强烈的大地震撼动了整座城市，毁坏了宫殿、主教堂和其他一些主建筑。国王知道发生了这些以后，再也不想回到宫殿了，因为他对住在石墙之下感到非常恐惧。于是皇宫搬到了阿诸打山上的大型帐篷中，约瑟一世在那里度过了他的余生。

这是一段漫长的旅程啊！

2012 年 4 月的一个早上，大卫·巴克斯特在阿拉斯加海岸发现了一个写有日文的足球。他觉得事关重大，于是通过媒体发布了消息。这个球的照片在全世界被传开，直到村上岬认出这个球是他的，并表示 2011 年 3 月日本发生海啸时，这个球连同他家的其他财产都被卷走了。大卫飞到日本，将足球归还给它的主人。这个球来回走了 1 万千米。

海浪过来了！

在全世界的海洋中，大约已经有 55 个海啸监测站，浮漂配备有功能强大的计算机，用来测量海水高度和速度的变化。系统一旦检测到海震的可能信息，就会发送警报，要求海边的人们必须马上离开海滩。

千年探测仪

张衡，中国人，出生于公元 78 年，发明家。他最有名的发明要数地动仪了。地动仪的形状像一个花瓶，上面有八条龙，每条龙口中含着一颗珠子，下面放着八只张大了嘴巴的蟾蜍。如果发生地震，其中一条龙嘴里的珠子就会落到蟾蜍的嘴里，哪只蟾蜍接到了珠子就表示这个方向发生了地震。据说，张衡的地动仪探测到了离洛阳 600 千米以外陇西（今甘肃省天水地区）发生的地震，方向也跟地动仪指示的方向一致，真是太强大了！

关于

火山喷发和火山的问题

1. 岩浆是从哪里来的？

地球上一些被测定过的板块交界处，岩浆流动不畅，无法溢出，岩浆因此会停下来，在一个密闭的空间内相互挤压，增加对地壳的压力。这样就形成了一个储存岩浆的地下"湖"，这个巨大的"湖"叫作岩浆库。

岩浆库里的岩浆就像在一个盖上盖子的锅里。岩浆升温沸腾不断给岩壁施加巨大的压力，当压力达到一定程度，岩浆就会冲破岩浆库顶端，上升到地面，这个过程叫作喷发，溢出地表的熔融物质叫作岩浆，溢出岩浆的地方叫作火山口。

火山是怎么形成的?

岩浆从火山口喷薄而出时,温度超过 800 ℃。随着时间的流逝,岩浆逐渐冷却凝固,变成了石头。在这个基础之上,新的喷发又释放出大量岩浆,新的岩浆再次冷却凝固变成新的石头。就这样,石头重叠石头,经过 10 亿年,形成如今这样高的火山。

实验园地　家庭活动

在大人的帮助下,先往锅里放一些水,然后盖上盖子,把锅放在火上,把水煮开。注意,锅的盖子不宜太重。当水沸腾的时候,你会看到盖子开始上下移动,甚至从锅上掉下来。火山喷发遵循的是同样的原理,岩浆从下往上推,冲破了上升途中的一切阻力。

2. 所有的火山喷发都一样吗？

　　如果岩浆库所处的深度超过 100 千米，岩浆的上升将是畅通无阻和"安静"的，这个就是地球上最常见的夏威夷式喷发。可是，如果岩浆库的位置接近地表（深度大概 10 千米），岩浆通过岩石渗流会接触到空气和水，在这样的情况下，水在岩浆的高温下蒸发，水蒸气、空气又和岩浆融合在一起，便形成了沸腾冒泡的熔融物质……某一时刻便会轰地一下"爆炸"，岩浆从火山口喷薄而出的同时喷出大量的石头、气体和火山灰，这就是爆裂式喷发，非常壮观也非常危险。

好奇千百问

　　2011 年，智利南部的普耶韦火山喷发，喷出 1 亿吨火山灰、沙子和石头。厚重的灰覆盖该地区的一些地方长达几个月之久。

石头，烟还有什么？

爆裂式喷发喷出的火山灰、岩石碎屑和气体叫作火山碎屑流，有着极高的温度（800℃），流速为300千米/小时，非常之快！其中最轻的部分（灰和烟）叫作火山的"羽毛"，可以长时间遮挡住太阳或者随风飘落后大面积覆盖村庄等等。

好奇千百问

当火山坐落在河岸边时，灰色或黑色的火山石被水侵蚀后，形成了沙子，这就是所谓的黑沙滩。在智利南边的普孔湖、加那利群岛附近和冰岛的维克海滩都发生过这样的事情。

3. 火山会休眠吗？

　　休眠火山是长期处于相对静止状态的火山。静止一个星期？一个月？都不是。休眠火山是近几百年甚至几千年都没有喷发过的火山。我们怎么知道火山在这么长的时间内没有喷发过？通过研究火山的岩石，科学家们可以确认火山最近一次喷发的时间。可是注意：休眠火山不等于是死火山。虽然现在没有喷发，但是能探测到喷气口有蒸汽溢出，火山周围湖水温度改变等。

　　死火山的岩浆库是冷的、硬化了的，是在人类历史时期从来没有活动过的火山。

火山怎么苏醒了？

虽然没有喷发，休眠火山却在岩浆库里积蓄热岩浆，也就是说岩浆会一点一点地慢慢增加压力……就像从一个长长的梦中慢慢苏醒过来。之后，火山开始发出活动信号：能感觉到大地开始震动，能够听到从火山里面传出来的声音，甚至能观察到山体的扩张。

同时，也会看到从火山口冒出的气体或者是山体的裂缝。所有的这些活动都是可以测量的，很多时候用来探测紧急性喷发。丁零零零零……

好奇千百问

住在火山周围并不完全意味着毁灭和恐惧。相反，在火山内会形成"储水室"，这些水滋养着周围的土地。而且就算在短时期内，火山灰给农田带来严重的损失，但是随着时间的流逝（大概50年），火山灰中的矿物质将成为土地的养料，可以改善土地质量使其适宜种植。所以，在火山脚仍住着很多人并不是巧合。

伏尔甘在罗马神话中是指火神和铁神，他住在地球的神秘之处，并用那里的火炼铸威力强大的武器和不可摧毁的盔甲。这是一位易怒的，让人害怕的神，就像火山一样。

迪奥尼西奥·普利多是一位墨西哥农民。1943 年 2 月 20 日，他发现大地裂开一条缝隙。缝隙不断增大，岩浆等不断涌出。一年后，形成一座 336 米高的火山。普利多不得不废弃他的玉米地，因为在接下来的几年里帕里库廷火山不断喷发，四周全都被岩浆和火山灰掩埋。1952 年，火山停止活动时（或者至少暂停活动），它的高度达到了 424 米。

1748 年，在维苏威火山脚下，考古发掘工作正式展开。一个从公元 79 年流传下来的故事说，那里曾经有一座城市因火山喷发被掩埋。这座城市的"出土"让世人震惊，因为庞贝城得以完整保存下来。广场、厕所和许多东西保存完好，甚至一些埋在岩浆下的尸体都可以重组。考古过程中发现了抓着自己钱财的人、栓着的狗和身着角斗装束的角斗士。

4. 火山岛是怎么形成的?

在地表存在着岩浆温度大大高于周围广大地区的区域，这些区域被称为热点。当热点处于海洋深处时，由于这里的地壳更脆弱，岩浆的压力会一次又一次震破板块。试想一下，之后会发生什么？这样无数次后，一座海底火山便形成了。随着时间的推移，岩浆不断冷却堆积，火山不断增高，最后露出海面形成岛屿。

觉得吃惊？其实不少海岛都是大火山从海底深处不断增高的结果。

好奇千百问

世界上最大的火山岛是夏威夷群岛，最高处高出海平面 4 170 米，再加上淹没在海下的 5 000 米，这座赫然立于海中央的火山总高度超过了 9 000 米。

排队！

热点固定在地幔的某个地方。由于海下的板块在地幔上慢慢滑动，慢慢便形成了火山链。火山链的年龄随两个热点之间距离的不同而不同，越远的越老。

比如夏威夷热点，形成了夏威夷 - 皇帝海山链，长达5 800千米。其中有一些被淹没在海面之下，而另一些则浮在海面上。有四座活火山，两座休眠火山和超过100座死火山。最"老"的火山大约有3 000万年的历史，最"年轻"的火山不超过200万年。

加拉帕戈斯群岛、亚速尔群岛、加纳利群岛和波利尼西亚群岛都是这样形成的。

5. 温泉的热量是从哪里来的？

火山喷发后几千年，火山周围的地区仍然释放着大量的热量，以至于从附近有缝隙的含水岩层和内陆河中渗透下去的地下水都是热的。这些水在上升回到地表的过程中，经过火山岩石，带上了矿物质。如果水在上升过程中没有遇到任何障碍，就会形成富含硫、铁、钙、镁的温泉。

虽然还没有得到完全的证实，据说泡富含矿物质的温泉有非常好的作用：能促进身体血液循环和皮肤再生，还能减少肌肉痉挛。

好奇千百问

在诸如日本、冰岛、新西兰等国家，地下水被用于发电。温水通过管道从地下几千米的深处被引到地面，出来时释放的能量足以推动巨大的涡轮转动并开始发电，对地球不产生任何污染。

间歇泉？

一些火山岩石层中的裂隙成为天然的管道，水（雨水或者融冰）通过裂隙下降形成巨大的"地下天然锅炉"。在火山活动频繁的地区，由于岩石的温度非常高，水像煮汤一样受热。水沸腾时，产生足够大的压力，一股股壮观的水蒸气便通过裂隙上升冲出地面。知道这是什么吗？这就是间歇泉。

间歇泉每隔一段时间有规律地喷发一次：一股水蒸气喷出之后，喷管就"关闭"，地下水再次受热沸腾，上升到地表喷出……比如冰岛的史托克间歇泉大概每6分钟就会喷发一次蒸汽，水柱的高度可以达到30米。真是又准时又火热！

好奇千百问

在人们熟知的间歇泉中，大概有一半分布在美国黄石国家公园。在智利、俄罗斯、新西兰和冰岛也有间歇泉。

奇妙的事情

如此大的噪音！

地球上有记载的最强的声音可以追溯到 1883 年。当罗德里格斯岛（位于印度洋）上的居民听到这个声音时，以为地球从中间裂开了。几个小时后电报传来，人们便知道事情并不是想象的那样，可是有一点相似之处：声音是从卡拉卡托火山来的，火山剧烈喷发产生的巨大声响传到了 5 000 千米以外的岛上。

27 000 米 奥林帕斯火山

8 848 珠穆朗玛峰

6 962 阿空加瓜山

2 236 普耶韦火山

来自于另一个星球

你知道最高的火山在哪里吗？就是在火星上的奥林匹斯火山，高度为 27 000 米，比珠穆朗玛峰还要高出 2 倍多！相较于火星的表面，这座火山实在是太高了，只能从太空中才能看到它的全貌。最让人好奇的是，如果站在火山顶你可能看不到山脚，因为山体消失在地平线中。

污染真是严重！

2011 年 10 月，在加纳利群岛附近，一座海底火山爆发。海水温度因此升高了 20 ℃，由于火山喷发释放出了大量有毒的气体，使得海水变得非常酸。水的成分也发生了骤变，水中的氧气消耗殆尽。在接下来的几天里，这一地区的所有鱼都消失了，有的死了，有的游走了。

新岛屿

1963 年，一座海底火山喷发形成了冰岛附近的叙尔特塞火山，这也成为了地球上最新的一块区域。叙尔特塞火山被宣布成为自然保护区以后，科学家们开始研究如何让这座火山充满生机……1965 年，观察到了第一株植物，至今已经有 30 种不同种类的植物。还观测到了一些鸟和昆虫。一个生态系统就这样活脱脱地直接诞生了！

译 后 记

一套比故事更有趣的科普丛书。

一套关于大自然的儿童百科全书。

当今，随着互联网等科技运用和全球化的日益深入，知识大爆炸让生活在这个信息化时代的孩子们拥有更多的机会，更早更广地认知这个我们赖以生存的世界。为什么地震的时候大地会摇晃？空气有重量吗？龙卷风能被追逐到吗？……孩子们这些童稚的疑问，是否也让你觉得手心冒汗、"头发倒竖"呢？

"让头发倒竖的问题"丛书的主要编写者，也是这样一群从小就被各种各样的云彩所吸引，喜欢到河边去看天空中的各种奇妙景观的大孩子，他们致力于将他们自己对观察和提问题的热情传递给孩子们。这虽然是一套科普类丛书，但其妙趣横生的插图却能够帮助大家极大地享受自然与科学带来的乐趣，让所有读过此书的人都发现（不论你是 8 岁还是 108 岁，只要你还富有好奇心），原来科学是不会"咬人"的，一点儿也不可怕。

童书的翻译对读者非常重要，翻译得好，与原书相得益彰；翻译得不好，则降低了原书的价值。有人以为图画书字数少，又是写给小朋友看的，文字简单，翻译应该是很容易的。其实就是因为字少而精简，要译得贴切反而不易。

儿童读物的翻译要将表现美感的深度拿捏得当，才不至于曲高和寡，才能让翻译的受众——儿童接受。既是原版引进的外文书，译成中文要将其内容改写，以适合国情；译名要统一，以便读者后续知识查找和学习。正如翻译大师林语堂曾言："原文理解力、本国文字操控力、译技纯熟、见解，是翻译的必备条件。"特别是儿童读物既然是给儿童看的，文字自然应浅显。不过也有它的难译之处，就是作者为了吸引或者逗小朋友，常常玩些花样，书中最常见的就是文字游戏。翻译，本就是译者用本国语，讲出原文作者用外语对外国读者说出的话，连口气都要尽可能地像。如此一来，儿童读物中的文字游戏，要继续作为游戏，逗小朋友们开心，孩子们会快活地读下去才是译者首要的任务。

正如本套丛书作者所言："我们怀揣热切、疯狂的愿望，将我们的知识类丛书打造成市面上最光彩夺目、妙趣横生又创意非凡的作品，这才是意义非凡之所在。"

译　者
2016 年 5 月